白洋淀

鱼类

图鉴

白洋淀鱼类图鉴

肖国华　刘存歧　张碧函　编著

河北大学出版社
·保定·

出 版 人：刘相美
责任编辑：田　阳
装帧设计：张彦琪
责任校对：刘景坤
责任印制：常　凯

白洋淀鱼类图鉴
BAIYANGDIAN YULEI TUJIAN

图书在版编目（CIP）数据

白洋淀鱼类图鉴 / 肖国华，刘存歧，张碧函编著 . 保定：河北大学出版社，2024. 11. -- ISBN 978-7-5666-2279-2

Ⅰ. Q959.408-64

中国国家版本馆 CIP 数据核字第 2024XY3516 号

出版发行：河北大学出版社
　　地址：河北省保定市七一东路 2666 号　邮编：071000
　　电话：0312-5073033　0312-5073029
　　邮箱：hbdxcbs818@163.com　网址：www.hbdxcbs.com
经　　销：全国新华书店
印　　刷：保定市正大印刷有限公司
幅面尺寸：185 mm × 260 mm
印　　张：6
字　　数：88 千字
版　　次：2024 年 11 月第 1 版
印　　次：2024 年 11 月第 1 次印刷
书　　号：ISBN 978-7-5666-2279-2
定　　价：88.00 元

前　言

白洋淀位于河北雄安新区境内，是华北地区最大的湿地生态系统，素有“华北明珠”“华北之肾”之称。受多种因素影响，白洋淀鱼类种类不断发生着变化，资料显示，1958年淀内有鱼类54种；1980年有鱼类40种；1990年仅存24种；2002年鱼类增加到33种，但10种为人工养殖种类，实际上自然鱼类仅存20余种；2007年有27种。

2017年雄安新区设立以来，随着白洋淀生态环境的改善和渔业监督管理的加强及增殖放流的实施，鱼类种类明显增加。2019—2022年河北省农业农村厅设专项资金，在雄安新区公共服务局指导下，由河北省海洋与水产科学研究院牵头，对白洋淀水域水生生物资源环境进行了日常监测，结果显示鱼类种类逐渐得到恢复：2019年33种；2020年39种；2021年43种；2022年鱼类种类达到46种，其中指示物种中华鳑鲏鱼成为淀区常见种。46种鱼类分别隶属于7目15科46（属）种。

此外，调查发现2种偶见种为偏冷水性河流型种类（中华多刺鱼、北方花鳅）。对于鱼类种名问题，由于各类参考文献资料不尽相同，调查结论以拉丁文为主并参照最新《中国鱼类图鉴》来确定。对于2种偶见种有待进一步跟踪调查。

本书编著者为河北省海洋与水产科学研究院肖国华研究员、张碧函工程师，河北大学刘存歧教授。雄安新区公共服务局李昀飞副局长及相关负责同志李耀、吕青天对本图鉴的编写进行了指导和修正。

作者
2023年10月于白洋淀

目 录

一、鲤形目

(Cypriniformes) / 1

（一）鲤科

（Cyprinidae） / 1

1. 鲤

（Cyprinus carpio） / 2

2. 鲫

（Carassius auratus） / 3

3. 麦穗鱼

（Pseudorasbora parva） / 4

4. 棒花鱼

（Abbottina rivularis） / 6

5. 黑鳍鳈

（Sarcocheilichthys nigripinnis） / 8

6. 白鲦

（Hemiculter leucisculus） / 9

7. 翘嘴鲌

（Culter alburnus） / 10

8. 拟餐

（Pseudohemiculter） / 12

9. 鲂

（Megalobrama skolkovii） / 13

10. 草鱼

（Ctenopharyngodon idellus) / 14

11. 青鱼

（Mylopharyngodon picens) / 16

12. 中华鳑鲏

（Rhodeus sinensis) / 17

13. 高体鳑鲏

（Rhodeus ocellatus) / 19

14. 兴凯鱊

（Acheilognathus chankaensis) / 21

15. 大鳍鱊

（Acheilognathus macropterus) / 23

16. 白河鱊

（Acheilognathus peihoensis） / 25

17. 鲢

(Hypophthalmichthys molitrix) / 26

18. 鳙

(Aristichthys nobilis) / 28

19. 红鳍鲌

(Chanodichthys erythropterus) / 30

20. 鳡

(Elopichthys bambusa) / 32

21. 马口鱼

(Opsariichthys bidens) / 33

22. 似鳊

(Pseudobrama simoni) / 35

23. 寡鳞飘鱼

(Pseudolaubuca engraulis) / 37

24. 蛇鮈

(Saurogobio dabryi) / 39

25. 银鮈

(Squalidus argentatus) / 40

26. 似鱎

(Toxabramis swinhonis) / 42

（二）鳅科

(Cobitidae) / 43

27. 泥鳅

(Misgurnus anguillicaudatus) / 43

28. 大鳞副泥鳅

(Paramisgurnus dabryanus) / 44

29. 北方花鳅

(Cobitis granoei Rendahl) / 46

二、鲇形目

(Siluriformes) / 48

（三） 鲿科

(Bagridae) / 48

30. 黄颡

(Pelteobagrus fulvidraco) / 48

31. 瓦氏黄颡鱼

(Pelteobagrus vachelli) / 50

（四）鲇科

(Siluridae) / 52

32. 鲇

(Silurus asotus) / 52

三、合鳃目

(Synbranchiformes) / 54

（五）合鳃科

（Symbranchidae） / 54

33. 黄鳝

（Monopteras albus） / 54

四、鲈形目

(Perciformes) / 56

（六）鳢科

（Channidae） / 56

34. 乌鳢

（Channa argus） / 56

（七）攀鲈科

（Anabantidae） / 58

35. 圆尾斗鱼

（Macropodus chinensis） / 58

（八） 塘鳢科

（Eleotridae） / 60

36. 黄黝鱼

（Hypseleotris swinhonis） / 60

（九）虾虎鱼科

（Gobiidae） / 62

37. 波氏吻虾虎鱼

（Rhinogobius cliffordpopei） / 62

38. 林氏吻虾虎鱼

（Rhinogobius lindbergi） / 64

39. 福岛吻虾虎鱼

（Rhinogobius fukushimai） / 66

40. 子陵吻虾虎鱼

（Rhinogobius giurinus） / 68

41. 普栉吻虾虎鱼

（Ctenogobius giurinus） / 70

（十）刺鳅科

（Mastacembelidae） / 72

42. 中华刺鳅

（Sinobdella sinensis） / 72

（十一）鮨科
（Serranidae） / 74

43. 鳜
（Siniperca chuatsi） / 74

五、鲻形目
（Mugiliformes） / 76

（十二）鲻科（Mugilidae） / 76

44. 梭鱼
（Sphyraenus） / 76

六、鲑形目
（Salmoniformes） / 78

（十三）银鱼科
（Salangidae） / 78

45. 大银鱼
（Protosalanx hyalocranius） / 78

七、颌针鱼目
（Beloniformes） / 80

（十四）鱵科
（Hemiramphidae） / 80

46. 间下鱵
（Hyporhamphus intermedius） / 80

（十五）
鳉科（Cyprinodontidae） / 82

47. 青鳉
（Oryzias latipes） / 82

八、刺鱼目
（Gasterosteiformes） / 84

（十六）刺鱼科
（Gasterosteidae） / 84

48. 中华多刺鱼
（Pungitius sinensis） / 84

一、鲤形目（Cypriniformes）

鲤形目属脊索动物门，脊椎动物亚门，硬骨鱼纲辐鳍鱼亚纲的一目，仅次于鲈形目的第二大目，是现生淡水鱼类中最大的一目。鲤形目鱼类适应性很强，分布广泛。鲤形目鱼类为白洋淀鱼类主要类群。

（一）鲤科（Cyprinidae）

鲤

1. 鲤（Cyprinus carpio）

地方名

鲤鱼、大鱼、拐子。

形态特征

背鳍iii—iv -16—20、臀鳍iii -5。侧线鳞 34—40 片。

体长为体高的 2.8—3.2 倍，为头长的 3.0—3.7 倍。咽齿 3 行，3、1、1/1、1、3，外行的呈臼齿状。

体略侧扁。下咽齿呈臼齿状。背鳍基部较长。背鳍、臀鳍均具有粗壮的、带锯齿的硬刺。口端位，马蹄形，触须 2 对，后对为前对的 2 倍长。

身体背部为纯黑色，侧线下方近金黄色。全身青灰而略带黄色，胸鳍与尾鳍带红色，但因所处水域不同，体色有差异。在比较浑浊的浅水带内栖息的鱼常出现较深的金黄色光泽，也有完全红色的个体。

生态习性

底层鱼类，适应性很强，多栖息于底质松软、水草丛生的水体。冬季游动迟缓，在深水底层越冬。以食底栖动物为主的杂食性鱼类，多食螺、蚌、蚬和水生昆虫的幼虫等，也食相当数量的高等植物和丝状藻类。食物要求不严，根据不同水体和不同季节而有所不同。性成熟年龄在我国一般南早北迟，通常 2 龄成熟。产卵季节也有地区差异，一般于清明前后在河湾或湖中水草丛生的地方繁殖，分批产卵，卵黏性强，黏附于水草上发育。4—5 月是盛产期；我国东北地区比较寒冷，6 月才开始产卵。怀卵量变动幅度大，从 8000 多粒至 200 多万粒不等。当水温在 25℃时，经 4 天便可孵出鱼苗。适应性强，耐寒、耐碱、耐缺氧，可在各种水域中生活。为广布性鱼类，个体大，生长较快，为淡水鱼中总产最高的一种。鲤是淀区内产量较大的鱼类之一，也是最普遍的养殖对象。

分布

为白洋淀常见鱼类。

2. 鲫（Carassius auratus）

鲫

地方名

鲫瓜子。

形态特征

背鳍 iii-17—18、臀鳍 iii-5。侧线鳞 26—30 片。

体长 43—240 毫米，为体高的 2.2—2.8 倍，为头长的 3.3—3.6 倍。咽齿 1 行，4/4，侧扁。

全身呈银灰色，背部色略暗，因栖息的环境不同，颜色也有所不同。生在水草多的地方的鱼有金黄色光泽，淀内的鱼大多色暗，堤内水体的鱼则色淡。也有完全为红色的个体。

生态习性

栖于水的下层，经常栖息在杂草丛生的水域，游弋到有腐殖质的水底觅食。鲫鱼性情温顺、文静，警觉性很高。食性杂。喜温暖、惧酷热、怕强光，广温性鱼类，适合生存的最佳温度是 15℃—25℃。繁殖能力强，鲫鱼的性腺较其他鱼成熟得早，产卵期长，可从春季一直持续到秋季，产卵数量多，卵产在浅水域的水草或其他物体上。

分布

为白洋淀常见优势种。

3. 麦穗鱼（Pseudorasbora parva）

地方名

小尖嘴、假青衣。

形态特征

背鳍 iii-7、臀鳍 iii-6、胸鳍 i-12—13、腹鳍 ii-7。侧线鳞 34—38 片、背鳍前鳞 12—14 片、围尾柄鳞 12—14 片。第一鳃弓外侧鳃耙 7—9 枚。下咽齿 1

麦穗鱼

行，5/5、5/4 或 4/5。尾椎骨 4+30—35。

体长为体高的 3.4—4.3 倍，为头长的 3.7—4.8 倍，为尾柄长的 4.0—5.4 倍，为尾柄高的 7.4—10.0 倍。

体长，侧扁，尾柄较宽，腹部圆。头稍短小，前端尖，上、下略平扁。吻短，尖而突出，眼后头长远超吻长。无须，眼较大，位置较前。眼间宽且平坦。体被圆鳞，鳞较大。侧线平直、完全，部分个体侧线不明显。

背鳍不分枝鳍条柔软，外缘圆弧形，起点距吻端与至尾鳍基的距离相等或略近前者。胸、腹鳍短小，臀鳍短，无硬刺，外缘呈弧形，其起点距腹鳍起点较至尾鳍基部为近。尾鳍宽阔，分叉浅，上、下叶等长，末端圆。

下咽齿纤细，末端钩曲。鳃耙近乎退化，排列稀疏。腹膜为银灰色或白色，上具多数小黑点。体背部及体侧上半部呈银灰微带黑色，腹部呈白色，体侧鳞片后缘具新月形黑纹。各鳍鳍膜为灰黑色。生殖期雄体体色暗黑，各鳍深黑色，吻部、颊部等处具白色珠星。雌体偏小，体背及上半部一般为浅橄榄绿色，产卵管稍外突。幼鱼体侧正中自吻端至尾鳍基通常有一条黑色纵纹，后部清晰，体侧鳞后缘亦有半月形暗斑，鳍稍呈淡黄色。

生态习性

生活在浅水区。杂食，主食浮游动物。产卵期为4—6月，卵呈椭圆形，具黏液。孵化期雄鱼有守护的习性。

分布

为白洋淀常见种。

4. 棒花鱼（Abbottina rivularis）

地方名

大头石猴、爬虎鱼。

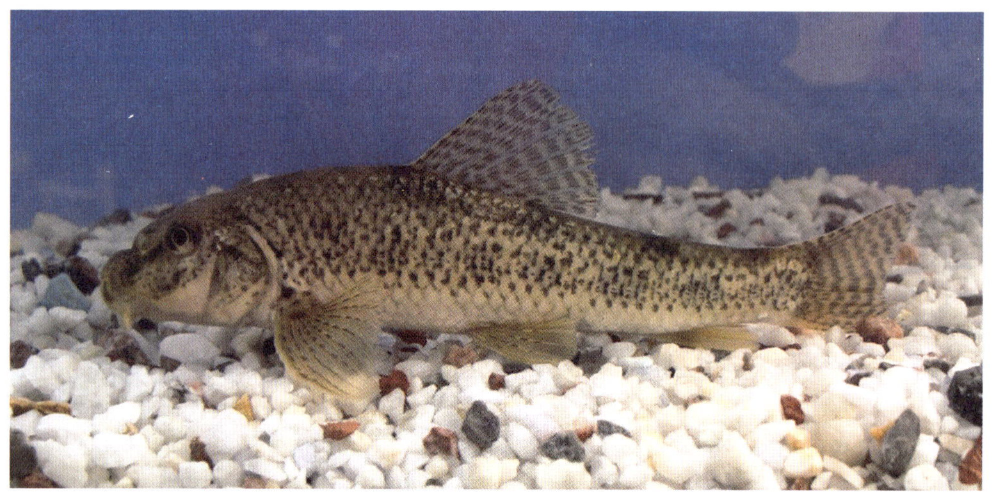

棒花鱼

形态特征

背鳍 iii-7、臀鳍 iii-5、胸鳍 i-10—12、腹鳍 ii-7。侧线鳞 35—39 片、背鳍前鳞 10—13 片、围尾柄鳞 12—14 片。第一鳃弓外侧鳃耙 4—5 枚。下咽齿 1 行，5/5。脊椎骨 4+31—33。

体长为体高的 4.2—6.2 倍，为头长的 3.4—4.8 倍。

体稍长，粗壮，前部近圆筒状，后部略侧扁，背部隆起，腹部平直。头大，头长于体高。上、下颌无角质边缘。须 1 对，较粗，须长与眼径几乎相等。眼较小，侧上位。体被圆鳞，胸部前方裸露无鳞。侧线完全、平直。

背鳍发达，外缘明显外突，呈弧形，起点距吻端较至尾鳍基的距离为近。下咽齿侧扁，各齿的长度和形状相似。

雄性体色鲜艳，雌性体色较深暗。胸体背部、体侧上半部呈棕黄色，腹部呈银白色，头部略呈乌黑色，喉部呈紫红色，头侧自吻端至眼前缘有一黑色条纹。体侧自侧线之下的两行鳞片始至背中线的体鳞，边缘均有 1 个黑色斑点，横跨背部有 5 个黑色大斑块，体侧中轴有 7—8 个黑色斑点，各鳍为浅黄色，背、尾鳍上有多数黑点组成的条纹，通常背鳍外缘呈黑色，胸鳍上亦有小黑点，基部金黄色。

生态习性

生活在静水或流水的底层，主食无脊椎动物。1 龄鱼性成熟，4—5 月繁殖，在沙底掘坑为巢，产卵其中，雄鱼有筑巢和护巢的习性。

分布

为白洋淀常见种。

5. 黑鳍鳈（Sarcocheilichthys nigripinnis）

黑鳍鳈

地方名

花花鱼。

形态特征

背鳍 iii-7、臀鳍 iii-6。侧线鳞 38—39 片。

体长 57—92 毫米，为体高的 3.8—4.4 倍，为头长的 4.2—4.6 倍。咽齿 2 行，5、2/2、5，尖端略呈钩状。

体呈黄褐色，两侧有许多不规则的暗色斑纹，鳃盖后方有一深黑色垂直斑。

生态习性

常游弋于水草繁茂处，有跃水的习性，特别是在雨后或清晨。以水生昆虫及指角类、桡足类为食，也吃一些水草。产卵期为 4—5 月。在生殖季节内，雄鱼的吻部生出许多白色的“追星”，虹彩及喉部呈橙红色。

分布

为白洋淀常见种。

6. 白鲦（Hemiculter leucisculus）

白鲦

地方名

黄瓜鱼、白条。

形态特征

背鳍 iii-7、臀鳍 iii-10—14、胸鳍 i-12—13、腹鳍 ii-7—8。侧线鳞 48—52 片、围尾柄鳞 16—18 片。第一鳃弓外侧鳃耙 15—20 枚。下咽齿 3 行，5（4）、4、2/2、4、4（5）。脊椎骨 4+38—39。

体长为体高的 3.4—4.9 倍，为头长的 4.0—5.0 倍，为尾柄长的 6.2—8.3 倍，为尾柄高的 8.8—12.0 倍。

体侧扁，背缘平直，腹缘略呈弧形，自胸鳍基下方至肛门具腹棱。头略尖，侧扁，吻短。鳞中大，薄而易脱落。侧线完全，自头后向下倾斜至胸鳍后部弯折成与腹部平行，行于体之下半部，在臀鳍基部末端又折而向上，伸入尾柄正中。

背鳍位于腹鳍之后，臀鳍位于背鳍的后下方，外缘凹入，胸鳍尖形，末端不伸达腹鳍起点。腹鳍位于背鳍起点之前，其长短于胸鳍，末端距肛门颇远。尾鳍分叉，末端尖形，下叶长于上叶。

体背部为青灰色，腹侧为银色，尾鳍边缘为灰黑色。

生态习性

栖息于中上水层，行动迅速活泼，繁殖力和适应力强。属杂食性，以藻类或水生昆虫等为食。于水生植物上产附着性卵。

分布

白洋淀均有分布，为优势种鱼类。

7. 翘嘴鲌（Culter alburnus）

地方名

鲢子、噘嘴鲢子。

形态特征

背鳍 iii-7、臀鳍 iii-21—24、胸鳍 i-15—16、腹鳍 ii-8。侧线鳞 80—92 片、

翘嘴鲌

围尾柄鳞 24—26 片。第一鳃弓外侧鳃耙 24—28 枚。下咽齿 3 行，2、4、4（5）/5（4）、4、2。脊椎骨 4+38—39。

体长为体高的 3.5—4.8 倍，为头长的 4.2—5.0 倍，为尾柄长的 6.2—8.1 倍，为尾柄高的 9.8—11.7 倍。

体型长，侧扁，背缘较平直，腹部在腹鳍基至肛门具腹棱，尾柄较长。头背平直，吻钝。鳞较小，背部鳞较体侧为小。侧线前部浅弧形，后部平直，伸达尾鳍基。

背鳍位于腹鳍基部的后上方，外缘斜直，末根不分枝鳍条为光滑的硬刺。臀鳍位于背鳍的后下方，外缘凹入。胸鳍较短，尖形，末端不达腹鳍起点。腹鳍位于背鳍前下方。尾鳍深叉，下叶长于上叶，末端尖形。

体背侧为灰黑色，腹侧为银色，鳍呈深灰色。

生态习性

属中上层大型淡水经济鱼类，行动迅猛，善于跳跃，性情暴躁，容易受惊。

分布

白洋淀均有分布。

8. 拟䱗（Pseudohemiculter）

拟䱗

地方名

柳叶鱼、柳叶黄瓜鱼。

形态特征

背鳍 iii–7、臀鳍 iii–12—15、胸鳍 i–12—14、腹鳍 ii–8。侧线鳞 42—48 片、围尾柄鳞 16—18 片。第一鳃弓外侧鳃耙 23—28 枚。下咽齿 3 行，2（1）、4、4（5）/5（1）、4、2(1)。脊椎骨 4+37。

体长为体高的 3.4—4.9 倍，为头长的 4.3—5.0 倍，为尾柄长的 6.5—8.0 倍，为尾柄高的 8.5—10.1 倍。

体侧扁，背腹缘略呈弧形，腹部自胸鳍基部下方至肛门具腹棱。鳞中大，薄而易脱落。侧线完全，自头后和缓向下，呈深弧形，与腹部轮廓平行于体的下半部，至臀鳍基后上方又折而向上，伸入尾柄正中。

背鳍位于腹鳍之后，外缘平直或微凸，最后不分枝鳍条为光滑的硬刺。臀鳍位于背鳍的后下方，外缘微凹。胸鳍尖形，末端不伸达腹鳍起点。腹鳍短，其长短于胸鳍，末端距臀鳍起点颇远。尾鳍分叉深，下叶长于上叶，末端尖形。

体呈银色，鳍均呈浅灰色。

生态习性

是一种小型鱼类，一般栖息于水体中上层。食物较杂，常以藻类、高等植物碎屑、水生昆虫成虫及幼虫等为食。常常集群于江河岸边的浅水处。繁殖期在 6—7 月。分布于我国南方各水系。

分布

为白洋淀少见种。

9. 鲂（Megalobrama skolkovii）

鲂

地方名

三角鳊、鳊鱼。

形态特征

体高，甚侧扁，呈菱形，头后背部隆起。头小，口端位。上、下颌前缘均具发达的角质层。腹棱仅自腹鳍基部至肛门。背鳍具光滑硬刺，其长度显著大于头长。尾柄长大于或等于尾柄高。

体背部呈青灰色，两侧呈浅灰色带有浅绿色泽，腹部为银白色，每个鳞片后部较深，各鳍呈青灰色。

生态习性

栖息于湖泊中生长有水生植物的隐蔽水区中下层，冬季群集于较深的坑塘中越冬。杂食性，除食水生植物外，还喜欢吃软体动物、虾及水生昆虫等，有时还会吞食小鱼。幼鱼则以浮游生物为食。

分布

为白洋淀少见种。

10. 草鱼 (Ctenopharyngodon idellus)

地方名

厚鱼。

形态特征

背鳍 iii-7、臀鳍 iii-8—9、胸鳍 i-16—18、腹鳍 ii-8。侧线鳞 38—44 片、背鳍前鳞 14—16 片、围尾柄鳞 14—18 片。第一鳃弓外侧鳃耙 14—18 枚。下咽齿 2 行，2、4（5）/5（4）、2。脊椎骨 4+40—42。

草鱼

体长为体高的3.4—4.0倍，为头长的3.6—4.3倍，为尾柄长的7.3—9.5倍，为尾柄高的6.8—8.8倍。

体长形，前部近圆筒形，尾部侧扁，腹部圆，无腹棱。鳞中大，呈圆形，侧线前部呈弧形，后部平直，伸达尾鳍基。

尾鳍无硬刺，外缘平直，位于腹鳞的上方。臀鳍位于背鳍的后下方，鳍条末端不伸达尾鳍基。胸鳍短，末端钝。尾鳍浅分叉，上、下叶约等长。

体呈茶黄色，腹部为灰白色，体侧鳞片边缘为灰黑色，胸鳍、腹鳍呈灰黄色，其他鳍呈浅色。

生态习性

栖息于江河、湖泊的中下层。为草食性鱼类。3—4龄成熟，4—7月繁殖，产漂流性卵，膜径5毫米左右。生殖季节成熟亲鱼胸鳍条上出现珠星。

分布

白洋淀的草鱼为增殖放流品种。

11. 青鱼 (Mylopharyngodon picens)

青鱼

地方名

青头。

形态特征

背鳍 iii–7、臀鳍 iii–8—9、胸鳍 i–16—18、腹鳍 ii–8。侧线鳞 39—44 片、背鳍前鳞 14—17 片、围尾柄鳞 16—18 片。第一鳃弓外侧鳃耙 13—18 枚。下咽齿 1 行，4（5）/5（4）。尾椎骨 4+37—39。

体长为体高的 3.3—4.1 倍，为头长的 3.5—4.4 倍，为尾柄长的 6.8—8.6 倍，为尾柄高的 6.3—7.9 倍。

体粗壮，近圆筒形，腹部圆，无腹棱。背鳍位于腹鳍的上方，无硬刺，外缘平直，臀鳍中长，外缘平直，鳍条末端距尾鳍基颇远，腹鳍起点与背鳍第一或第二分枝鳍条相对，鳍条末端距肛门较远。尾鳍浅分叉，上、下叶约等长，末端钝。

体呈青灰色，背部较深，腹部为灰白色，鳍均呈黑色。

生态习性

淀区本无青鱼，1956 年才开始从长江移来养殖，但因缺乏性腺成熟条件，因此不能繁殖。此鱼生长极快，淀内见到的大型鱼在10斤左右，主要的食物是螺、蚌等软体动物。

分布

白洋淀的青鱼为原养殖逃逸种。

12. 中华鳑鲏（Rhodeus sinensis）

中华鳑鲏 1

中华鳑鲏 2

地方名

红眼妈、罗垫。

形态特征

背鳍 iii-9—10、臀鳍 iii-9—10。纵列鳞 32—34 片。

体长 30—40 毫米，为体高的 2.5—3.1 倍，为头长的 3.9—4.3 倍。咽齿 1 行，5/5，侧扁，无锯齿状缺刻。

体呈银灰色，有青色光泽，鳞片基部大多有一暗色斑纹，喉部呈红色。鳃盖后方的体侧有两个一前一后的暗色斑。浸制标本的体后部至尾鳍基底有一深蓝色纵带纹，有些个体的背鳍前部有一深蓝色斑点，有的臀鳍边缘呈黑色。

生态习性

喜成群，多栖息在淀区及淀内水草多的浅水处。雌鱼有一能伸长的产卵管，可将卵产在蚌的外套腔内。主要食物为丝状藻及高等植物碎片，间或吃些枝角类植物。数量不多，无经济价值。

分布

白洋淀均有分布。

13. 高体鳑鲏（Rhodeus ocellatus）

地方名

蓝垫。

形态特征

背鳍 iii-10—11、臀鳍 iii-9。侧线鳞 36 片。

体长 47—48 毫米，为体高的 3.2—3.4 倍，为头长的 4.0—4.3 倍。咽齿 1 行，5/5，侧扁，光滑无锯齿缺刻。

体呈灰色，腹侧多少略带黄色。肩部有一暗蓝色斑点，斑点后方有一暗蓝色纵带纹延至尾鳍基底。背缘正中线及胸鳍基底下方以后的腹缘正中线均为暗色。除胸鳍外，各鳍均呈暗灰色，但臀鳍与腹鳍均有略宽的白色边缘。

生态习性

喜在水草多的地方游动，性活跃，常游至水面。食物为浮游植物及少量的枝角类。数量很少。

分布

白洋淀均有分布。

高体鳑鲏 1

高体鳑鲏 2

14. 兴凯鱊（Acheilognathus chankaensis）

兴凯鱊 1

兴凯鱊 2

地方名

屎包。

形态特征

背鳍 iii-10—14、臀鳍 iii-10—11、胸鳍 i-14—17、腹鳍 ii-6—7、尾鳍分枝鳍条 17。侧线鳞 32—37 片、背鳍前鳞 11—15 片、围尾柄鳞 14 片。第一鳃弓外侧鳃耙 14—19 枚。下咽齿 1 行，5/5。脊椎骨 4+30—33。

体长为体高的 2.4—2.9 倍，为头长的 4.1—4.8 倍，为尾柄长的 4.6—6.4 倍，为尾柄高的 7.3—9.0 倍。

体侧扁，短而高，体宽不及体高的 1/3。头小，头长几等于头高。侧线完全，沿体中线至尾柄中央。

背、臀鳍末根不分枝，鳍条较粗于各自首根分枝鳍条。臀鳍起点和背鳍第五、六分枝鳍条相对。腹鳍位于背鳍前下方，肛门位于腹鳍基和臀鳍基起点之间。尾鳍浅分叉，上、下叶等长。

体呈银灰色，浸制标本多呈黄褐色。背部有一黑斑，尾部有一暗色纵带纹。除胸鳍外，各鳍均多少带黄色。背鳍与臀鳍均有暗色斑点形成纵带纹，臀鳍或有黑色边缘。

生态习性

在生殖季节色彩较鲜艳。数量较多，但经济价值较小。

分布

白洋淀均有分布。

15. 大鳍鱊 (Acheilognathus macropterus)

大鳍鱊

地方名

大屎包。

形态特征

背鳍 iii-15—18（偶尔 14）、臀鳍 iii-12—14（偶尔 11 或 15)、胸鳍 i-13—16、腹鳍 i-7。侧线鳞 33—38 片、背鳍前鳞 11—16 片、围尾柄鳞 12—14 片。第一鳃弓外侧鳃耙 7—8 枚（偶尔 9—10 枚）。下咽齿 1 行，5/5。脊椎骨 4+31—33（检视 19 尾）。

体长为体高的 1.9—3.0 倍，为头长的 3.2—5.4 倍，为尾柄长的 5.1—8.1 倍，为尾柄高的 6.9—9.8 倍。头长为吻长的 3.1—5.4 倍，为眼径的 2.6—5.6 倍，为眼间距的 2.1—4.1 倍。尾柄长为尾柄高的 1.0—1.9 倍。

体侧扁，背缘较腹缘隆起。头短小，其长不及体高。口亚下位，口的顶点水平线远在眼下缘之下，口裂浅，两口角间距和两口角间距中点至下颌顶端距离几乎等长。口角须1对，突起状，或缺失。鼻孔位近眼前缘较之吻端。眼侧上位。鳃孔上角稍低于眼上缘水平线。鳃盖膜至鳃盖骨前缘下方连于峡部。侧线完全，或尾部倒数 1—4 鳞片无孔，平直，后入尾柄中央。

背鳍位居体中央，或略近吻端较之尾鳍基。臀鳍起点与背鳍基中点相对。背、臀鳍末根不分枝鳍条粗壮，末端分节。背鳍基底长于臀鳍基底，后者长于尾柄长。腹鳍位在背鳍之前，腹鳍基部和背鳍起点往往在同一垂直线上，或略重叠。肛门位于腹鳍基和臀鳍起点之间。尾鳍叉形，末端尖。

生态习性

生活于缓流或静水水草丛生的水体中。多在江河流水、底质多砾石的环境中生活，也出现于沟渠、溪流上游。杂食性，以高等水生植物的叶片和藻类为主食，也食底栖无脊椎动物，如水生昆虫成虫及其幼虫，螺、蚌、虾、蟹等和小鱼。多在夜间觅食，无明显季节变化。

分布

白洋淀均有分布。

16. 白河鱊（Acheilognathus peihoensis）

白河鱊

地方名

屎包。

形态特征

体扁薄，外形近卵圆形。吻短而圆钝。口小，亚下位。口角无须。背鳍和臀鳍硬刺强壮，背鳍具 11—13 根分枝鳍条；臀鳍起点约与背鳍第 5 分枝鳍条之基部相对，具 9—10 根分枝鳍条。侧线完全，中段稍下弯。侧线鳞 33—35 片。体长为体高的 2.7—3.1 倍。鳃耙短而稀少，第一鳃弓外侧鳃耙 6—8 枚。体长 60 毫米。

生态习性

以植物碎屑和藻类为食。在产卵期间，雄鱼吻端具白色珠星，雌鱼具灰黑色产卵管。

分布

白洋淀均有分布。

17. 鲢（Hypophthalmichthys molitrix）

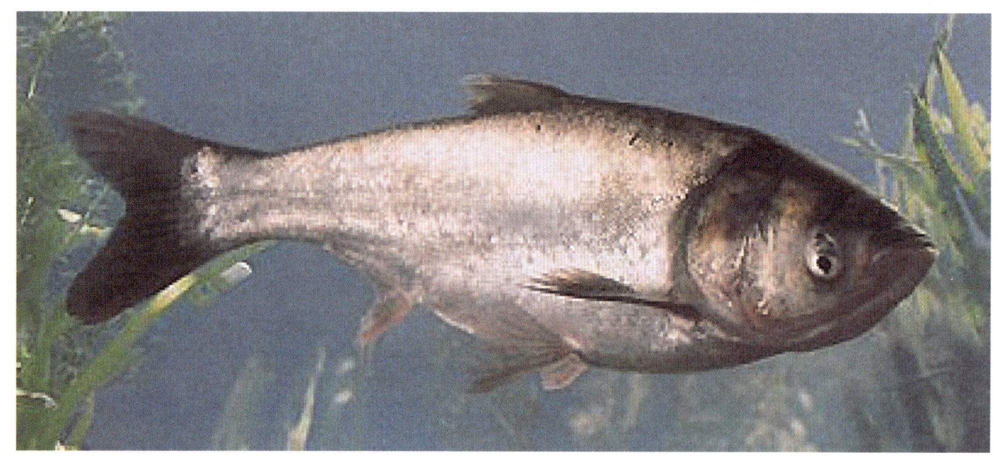

鲢

地方名

白鲢。

形态特征

背鳍iii-7、臀鳍iii-11—13、胸鳍i-16—17、腹鳍ii-7—8。侧线鳞91—120片、

围尾柄鳞 40—50 片。下咽齿 1 行，4/4。脊椎骨 4+35。

体长为体高的 2.7—3.6 倍，为头长的 2.8—4.9 倍，为尾柄长的 5.3—9.0 倍，为尾柄高的 7.7—11.7 倍。

体侧扁，稍高，腹部扁薄，从胸鳍基部前下方至肛门间有发达的腹棱。鳞小，侧线完全，前段弯向腹侧，后延至尾柄中轴。

尾鳍基部短，起点位于腹鳍基点的后上方，第三根不分枝鳍条为软条。胸鳍较长，腹鳍较短。臀鳍起点在背鳍基部后下方，距腹鳍较距尾鳍基为近。尾鳍深分叉，两叶末端尖。

生态习性

栖息于江河干流及附属水体的上层。性活跃，善跳跃。刚孵出的仔鱼随水漂流；幼鱼能主动游入河湾或湖泊中索饵。产卵群体每年 4 月中旬开始集群，溯河洄游至产卵场繁殖。产卵后的成鱼往往进入饵料丰盛的湖泊中摄食。以浮游植物为主食，但是鱼苗阶段仍以浮游动物为食，是一种典型的浮游生物食性的鱼类。

分布

白洋淀的鲢为增殖放流品种。

18. 鳙 (Aristichthys nobilis)

鳙

地方名

花头、胖头。

形态特征

背鳍 iii–7—8（多数为 7）、臀鳍 iii–10—13、胸鳍 i–16—19、腹鳍 ii–7—8。侧线鳞 91—108 片、背鳍前鳞 64—66 片、围尾柄鳞 43—48 片。第一鳃弓外侧鳃耙 400 枚以上。下咽齿 1 行，4/4。脊椎骨 4+38。

体长为体高的 2.7—3.7 倍，为头长的 2.5—3.9 倍，为尾柄长的 5.2—7.6 倍，为尾柄高的 7.7—11.6 倍。

体侧扁，较高，腹部在腹鳍基部之前较圆，其后部至肛门前有狭窄的腹棱。

鳞小。侧线完全，在胸鳍末端上方弯向腹侧，向后延伸至尾柄正中。

背鳍基部短，起点在体后半部，位于腹鳍起点之后。胸鳍长，末端远超过腹鳍基部。腹鳍末端可达或超过肛门，但不达臀鳍。肛门位于臀鳍前方。臀鳍起点位距腹鳍基较距尾鳍基为近。尾鳍深分叉，两叶约等大，末端尖。

背部及体侧上半部微黑，有许多不规则的黑色斑点；腹部为灰白色。各鳍呈灰色，上有许多黑色小斑点。

生态习性

生活于江河干流、平缓的河湾、湖泊和水库的中上层，幼鱼及未成熟个体一般到沿江湖泊和附属水体中生长，性成熟时到江中产卵，产卵后大多数个体进入沿江湖泊摄食肥育，冬季湖泊水位跌落，它们又回到江河的深水区越冬，翌年春暖时节则上溯繁殖。为温水性鱼类，适宜生长的水温为25℃—30℃，能适应较肥沃的水体环境。性情温驯，行动迟缓。从鱼苗到成鱼阶段都是以浮游动物为主食，兼食浮游植物，是典型的浮游生物食性的鱼类。

分布

白洋淀的鳙为增殖放流品种。

19. 红鳍鲌（Chanodichthys erythropterus）

红鳍鲌

地方名

捻子。

形态特征

背鳍 iii-7、臀鳍 iii-25—27、胸鳍 i-13—14、腹鳍 i-8。侧线鳞 59—62 片（上鳞数：11—12；下鳞数：5-v）、背鳍前鳞 53 片、围尾柄鳞 17—18 片。鳃耙 25—29 枚。下咽齿 3 行，2、4、4/5、4、2 或 2、4、4/4、4、2。

体长 59—232 毫米。体延长，侧扁，背部显著隆起，腹缘浅弧形，在腹鳍基部处凹入，腹面自胸鳍基部至肛门具一肉棱，尾柄较短，尾柄长为尾柄高的

0.8—1.1 倍。体长为体高的 3.4—4.1 倍，为头长的 3.6—4.3 倍。头中大，背面略平坦。头长为吻长的 3.1—3.7 倍，为眼径的 3.3—4.2 倍，为眼间隔的 3.9—4.9 倍。眼中大，上侧位，位于头的前半部。眼径为跟间隔的 1.0—1.3 倍。眼间隔略宽平。鼻孔每侧 2 个，上侧位，近于跟前缘。口中大，上位，直裂。下颌上翘，突出于上颌之前。唇薄，下唇褶连续。上颌骨后端伸达鼻孔前缘下方。无须。鳃孔大。鳃盖膜不与峡部相连。鳃耙细长，密列。下咽骨狭长。下咽齿和端钩状。体被圆鳞，较小。侧线稍下弯，后部伸延于尾柄中央。

背鳍基部短，起点在腹鳍起点后上方，距吻端的距离大于距尾鳍基的距离，末根硬棘状鳍条盾缘光滑。臀鳍基部长，起点在背鳍基部稍后下方。胸鳍下侧位，几乎伸达腹鳍起点。腹鳍较胸鳍短，起点距胸鳍起点较距臀鳍起点为近，不伸达肛门。尾鳍分叉，下叶稍长。

生态习性

喜栖息于水草繁茂的湖泊中，在河流中通常生活在缓流里。适应能力较强，能在碱度较大的水体中生存。生长较慢。红鳍鲌为凶猛性肉食性鱼类。幼鱼以枝角类、桡足类和水生昆虫为食，成鱼以鱼、虾、螺、昆虫、幼虫和枝角类等为食。

分布

白洋淀均有分布。

20. 鳡（Elopichthys bambusa）

鳡

地方名

猴鱼、黄钻。

形态特征

体延长，稍侧扁，腹部圆，无腹棱。头长而尖，口大，端位，口裂末端可达眼前缘的下方。吻尖，呈喙状，吻长远超过吻宽。下颌前端有一坚硬的骨质突起。眼中等大小，向两侧突出。头上于眼径的比例变化范围很大。下咽齿 3 行。鳃耙排列稀疏。无须。鳞小，侧玫鳞 110—117 片。背鳍 iii-9—10，很小，起点位于腹鳍之后；臀鳍 iii-10—11，尾鳍分叉很深。

体色呈微黄色，背部为灰黑色，腹部为银白色，背鳍、尾鳍为灰色，颊部和其他各鳍呈淡黄色。

生态习性

生活在江河、湖泊的中上层，游泳迅速，行动敏捷，是一种主要以鱼类为食的典型的凶猛鱼类，也是大型的淡水经济鱼类。该鱼生长快、个体大、肉味鲜美，一向被视为高档淡水鱼类。

分布

为白洋淀少见种。

21. 马口鱼（Opsariichthys bidens）

马口鱼

地方名

桃花鱼。

形态特征

体长为体高的 3.2—5.0 倍，为头长的 3.2—4.0 倍，为尾柄长的 5.0—7.5 倍，为尾柄高的 8.7—12.0 倍。头长为吻长的 2.6—3.5 倍，为眼径的 4.6—7.3 倍，为眼间距的 2.7—3.7 倍。尾柄长为尾柄高的 1.3—1.9 倍。

马口鱼体长而侧扁，体高略小于或等于头长，腹部圆。吻钝。口亚上位，口裂向下倾斜，上颌骨向后延伸可达眼中部垂直下方。下颌稍长于上颌，前端有一显著的突起与上颌中部凹陷相吻合，上、下颌之侧缘凹凸相嵌。无口须。雄性个体在吻和颊部有发达的珠星。眼较小，侧上位。眼后头长大于吻长。眼间距约等于或稍小于吻长。体被圆鳞，中等大小，鳞片之疏密从南方到北方稍有变异。侧线完全，在胸鳍上方显著下弯，沿体侧下部向后延伸，入尾柄后回升到体侧中部。

背鳍起点约与腹鳍起点相对或稍前，离吻端的距离稍远于到尾鳍基部的距离。胸鳍末端稍尖，向后不达腹鳍起点。腹鳍较钝，末端也不及肛门。肛门紧挨于臀鳍之前。臀鳍条长，性成熟个体最长鳍条向后延伸可达尾鳍基部。尾鳍叉形，末端尖，下叶稍长。

下咽骨弧形，较窄。咽齿锥形，末端钩状。鳃耙稀疏。肠管长度约等于体长。鳔 2 室，后室长约为前室长的 2 倍，末端稍尖。

腹膜为灰白色，间或带有细小的黑点。

生态习性

马口鱼为溪流性小型猎食性凶猛鱼类，栖息于水域上层，通常集群活动，野生状态下喜生活于水流较急的浅滩。在底质为沙石的小溪或江河支流中，在静水湖泊、水库和池塘中亦能生活，江河深水处少见。

分布

为白洋淀常见种。

22. 似鳊（Pseudobrama simoni）

似鳊

地方名

逆鱼、刺鳊、扁脖子、鳊鲴刁、黄吉子、土肉。

形态特征

背鳍 iii-7、臀鳍 iii-9—12、胸鳍 i-13—14、腹鳍 i-8。侧线鳞 41—47 片、背鳍前鳞 18—20 片、围尾柄鳞 17—18 片。第一鳃弓外侧鳃耙 128—139 枚。下咽齿 1 行，6/6 或 6/7。

体长为体高的 3.0—3. 6 倍，为头长的 4. 7—5.0 倍，为尾柄长的 5. 8—7. 5 倍，为尾柄高的 7. 8—8. 7 倍。头长为吻长的 3. 3—4.0 倍，为眼径的 3. 2—4.0 倍，为眼间距的 2. 5—3.0 倍。尾柄长为尾柄高的 l. 1—1. 4 倍。

体长而侧扁。头短。吻钝。口下位，横裂。唇较薄。下颌角质边缘不甚发达。

眼侧上位，眼径约与吻长相等。无须。鼻孔位于眼的前上方，至眼的距离近于至吻端的距离。鳞中大；侧线完全，前段微向下弯，向后延伸至尾柄正中。

背鳍起点距吻端比距尾鳍基为近，末根不分支鳍条为光滑的硬刺。腹鳍起点在背鳍起点之前，其基部有一狭长的腋鳞。肛门紧靠臀鳍起点。肛门至腹鳍基部有完全的腹棱。臀鳍末端不达尾鳍基部。尾鳍叉形。

下咽骨弧形，咽齿侧扁，顶端钩形。鳃耙纤细，排列非常紧密。鳔 2 室，后室长，末端尖，为前室的 2 倍以上。

体背部和体上侧为青灰色，体下侧和腹部为银白色，腹膜为黑色。背鳍、尾鳍呈浅灰色，腹鳍、胸鳍基部为浅黄色，臀鳍为灰白色。

生态习性

栖息于水的中下层。喜集群逆水而游，故有“逆鱼”之称呼。平时多生活在江河的下游及湖泊中。生殖季节时喜逆水而上，进入具有一定流水环境的江河中繁殖。性成熟很早，一般 2 冬龄的个体，雌鱼体长达 11 厘米即开始成熟。6—7 月产卵。以生藻类为食，亦食高等植物的碎片，偶尔吃一些枝角类、桡足类及甲壳动物。

分布

为白洋淀少见种。

23. 寡鳞飘鱼（Pseudolaubuca engraulis）

寡鳞飘鱼

地方名

蓝片子。

形态特征

背鳍 iii-7、臀鳍 iii-17—21、胸鳍 i-14、腹鳍 ii-7—8。侧线鳞 45—53 片、围尾柄鳞 16—18 片。第一鳃弓外侧鳃耙 10—13 枚。下咽齿 3 行，2、4、5(4)/4(5)、4、2。脊椎骨 4+37。

体长为体高的 4.0—5.1 倍，为头长的 3.9—5.0 倍，为尾柄长的 7.2—10.3 倍，为尾柄高的 11.0—12.7 倍。头长为吻长的 3.3—4.1 倍，为眼径的 4.1—4.9 倍，为眼间距的 3.3—4.0 倍，为尾柄长的 1.8—2.8 倍，为尾柄高的 2.3—3.4 倍。尾柄长为尾柄高的 1.1—1.8 倍。

体长形，侧扁，背部较厚，腹部呈弧形，自峡部至肛门具腹棱。头长，侧扁，头长大于体高（150 毫米以上个体头长小于体高），头背较平直。吻稍尖，吻长大于眼径。口端位，口裂斜，口裂末端约伸达眼前缘的下方；上、下颌约等长，上颌中央具一缺刻，边缘稍波曲，下颌中央具一突起，与上颌缺刻相吻合。眼中大，位于头侧，眼后绿至吻端的距离大于眼后头长。眼间宽，隆起，眼间距大于眼径，为眼径的 1.1—1.4 倍。鳃孔宽，鳃盖膜在前鳃盖骨后缘的下方与峡部相连，峡部窄。鳞中大，薄而易脱落。侧线在头后成广弧形向下弯曲与腹部平行，行于体之下半部，至尾柄处又折而向上，伸入尾柄正中。背鳍位于腹鳍的后上方，无硬刺，外缘平直，起点在前鳃盖骨后缘或眼后缘与尾鳍基之间。臀鳍位于背鳍的后下方，外缘微凹，起点至腹鳍基的距离较至尾鳍基为近。胸鳍长，尖形，末端不达腹鳍起点；胸鳍腋部具一肉瓣，其长大于或等于眼径。腹鳍短于胸鳍，起点距臀鳍起点较至胸鳍起点为近，末端不伸达肛门。尾鳍深分叉，末端尖形，下叶长于上叶。鳃耙短小，排列稀。下咽骨狭长，略呈钩状。咽齿稍侧扁，末端钩状。鳔小，2 室， 后室长于前室，鳔管甚细长，先在左侧盘曲 2 次，伸至右侧盘曲，其长为鳔全长的 4 倍余。肠短，呈前后弯曲，肠长短于体长。

体呈银色，鳍为浅色。腹膜为银白色。

生态习性

小型鱼类。杂食。5—6 月在江河中产漂流性卵。

分布

为白洋淀常见种。

24. 蛇鮈（Saurogobio dabryi）

蛇鮈

地方名

船钉子、白杨鱼、打船钉、棺材钉、沙锥。

形态特征

体延长，略呈圆筒形，背部稍隆起，腹部略平坦，尾柄稍侧扁。头较长，大于体高。吻突出，在鼻孔前下凹。口下位，马蹄形。唇发达，具有显著的乳突，下唇后缘游离。上、下唇沟相通，上唇沟较深。口角须1对，其长度小于眼径。眼较大。背鳍无硬刺。侧线完整且平直。体侧中轴有1条浅黑色纵带，上有13—14个不明显的黑斑。背部中线隐约可见4—5个黑斑。

体背部及体侧上半部为青灰色，腹部为灰白色。胸鳍、腹鳍及鳃盖边缘为黄色，背鳍、臀鳍及尾鳍为灰白色。

生态习性

栖息于江河、湖泊中下层的小型鱼类，喜生活于缓水沙底处。主要摄食水生昆虫或桡足类，同时也吃少量水草或藻类。一般在夏季进入大湖肥育，生殖季节为4—6月，雌鱼一般体长10.6厘米即达性成熟，在河流中产漂浮性小卵。

分布

为白洋淀常见种。

25. 银鮈（Squalidus argentatus）

银鮈

地方名

亮壳、亮幌子、白头明鱼、油鱼仔、雷猴。

形态特征

体长为体高的 4.1—5.4 倍，为头长的 4.0—4.5 倍，为尾柄长的 5.5—6.3 倍，为尾柄高的 10.8—12.0 倍。头长为吻长的 2.9—3.5 倍，为眼径的 2.9—3.5 倍，为眼间距的 3.3—4.5 倍，为尾柄长的 1.3—1.5 倍，为尾柄高的 2.5—3.2 倍。

体细长，前段近圆筒形，背部在背鳍基之前稍隆起，腹部圆，尾柄部稍侧扁。头长，近锥形，一般长大于体高。吻稍尖。口亚下位，微呈马蹄形。上颌稍长于下颌，上、下颌无角质边缘。唇薄，光滑，下唇较狭窄。唇后沟中断。须 1 对，位口角，较长，与眼径相等，或略超过，末端后伸达眼正中的垂直下方或更后。眼大，常与吻长相等。体被圆鳞，中等大小，胸、腹部具鳞。侧线完全，几乎平直。

背鳍无硬刺，起点距吻端较至尾鳍基部为近，约与背鳍基部后端至尾鳍基的距离相等。胸鳍末端较尖，向后伸不及腹鳍起点。腹鳍短，末端靠近或达肛门。肛门位近臀鳍，约于腹鳍基与臀鳍起点间的后 1/3 处。臀鳍短，其起点位于腹鳍基与尾鳍基的中点。尾鳍分叉，上、下叶末端稍尖，等长。下咽齿主行侧扁，末端钩曲；外行齿细小。鳃耙较短，不发达。肠管短，多数不及体长，为体长的 0.8—0.95 倍，少数为 1.0—1.1 倍。鳔大，2 室，前室卵圆，后室长圆，末端微尖，后室长约为前室的 2 倍。

腹膜为灰白色。

生态习性

银鮈为初级淡水鱼，喜好栖息于溪流下游地区的缓流区之深潭底部，属于下层底栖鱼类。主要以底栖水生昆虫、有机碎屑、藻类和水生植物为食。

分布

为白洋淀少见种。

26. 似鱎（Toxabramis swinhonis）

似鱎

地方名

薄鳌。

形态特征

体长120毫米。侧线鳞54—66片、围尾柄鳞20—22片。腹鳍具7根分枝鳍条。

体甚侧扁，背部略平直，腹缘呈弧形；自峡部至肛门具腹棱。头短，头长显著小于体高。吻尖，吻长小于眼径。口小，端位，上、下颌约等长。眼间隔隆起，眼间距略大于眼径。鳃孔宽，向前伸至前鳃盖骨后缘的正下方。鳞薄，中等大。侧线完全，侧线自胸鳍后上方急剧下折，与腹缘平行，于体之下半部，至臀鳍基部后端上折，伸至尾柄中轴。背鳍末根不分枝鳍条为硬刺，后缘具锯齿，刺长短于头长。

生态习性

小型鱼类，中上层生活，食浮游生物。6—7 月产漂流性卵。

分布

为白洋淀少见种。

（二）鳅科（Cobitidae）

27. 泥鳅 (Misgurnus anguillicaudatus)

泥鳅

地方名

肉泥鳅。

形态特征

背鳍 iii–7、臀鳍 iii–5—6。

体长 94.5—139 毫米，为体高的 6.6—7.5 倍，为头长的 5.3—5.8 倍。触须 5 对、吻端 1 对、上颁门 1 对、口角 1 对、下唇 2 对。

体被小鳞。无眼下刺。鳞细小，圆形，埋在皮下，头部无鳞。

体呈灰黄色，有许多暗色斑点。尾鳍基底上部有一明显的黑色斑点。

生态习性

喜栖居泥底，对环境适应力很强。雌、雄鱼有显著的形态差异，雄鱼胸鳍第二鳍条扩大且伸长，背鳍下方的体侧略为凹入。雌鱼怀卵量随鱼体的增长而有所增加，体长 80—150 毫米的雌鱼怀卵量为 2000—15 000 粒，一般为 7000—10 000 粒。杂食性鱼，产量颇少。

分布

为白洋淀常见种。

28. 大鳞副泥鳅（Paramisgurnus dabryanus）

大鳞副泥鳅

地方名

肉泥鳅。

形态特征

背鳍 iv–6—7、胸鳍 i–9—10、臀鳍 iii–5。

体长 140—205 毫米，为体高的 6.2—6.7 倍，为头长的 6.8—7.0 倍。触须 5 对，最长一对口须末端远超过前鳃盖骨后缘。

体被小型鳞片。鳞埋于皮下，背鳍无硬刺。胸鳍距腹鳍很远，尾鳍圆形。体长而侧扁。口亚下位。

身体背部及体侧上半部为灰黑色，体侧下半部及腹面为灰白色。背鳍及尾鳍具黑色小点，其他各鳍为灰白色。

生态习性

常见于底泥较深的湖边、池塘、稻田、水沟等浅水水域。杂食性，生活水温为 10℃—30℃，最适水温为 25℃—27℃，故应属温水鱼类。

分布

为白洋淀常见种。

29. 北方花鳅 (Cobitis granoei Rendahl)

北方花鳅

形态特征

背鳍条ⅳ-7、臀鳍条 iii-5、胸鳍条 i-8—9、腹鳍条 i-6。

体长为体高的 7.6—9.4（8.1）倍，为头长 4.7—5.6（5.4）倍，为尾柄长的 5.2—7.0（6.0）倍。头长为吻长 2.3—3.0（2.6）倍，为眼径 4.0—7.5（6.0）倍，为眼间距 6.0—11.0（7.9）倍。尾柄长为尾柄高 2.0—4.0（2.5）倍。

腹鳍基部起点约与背鳍起点相对。鳔前室包于骨囊内，后室退化。肠管长度不及体长。尾鳍基部上侧具一明显斑点。体背及体侧沿中线各具 13—17 个大斑点。体细长，稍侧扁，头较小，相对较高而侧扁。口亚下位，口须 4 对，吻端 1 对、上颌 1 对、口角 1 对、下颌 1 对。口须相对较长，后延达眼中央下方。眼小，眼前下方有眼下刺，眼间距短小。吻厚，眼前部狭窄而高。鳃孔小，开口于胸鳍基部。腹鳍起点于背鳍相对。尾鳍圆形，尾柄相对较长而低。鳞片细小，侧线鳞不完全。

体呈棕灰色，腹部为白色，背部具13—17个大斑点，体侧及头部具蠕虫形花纹或不规则斑点。尾鳍上侧具有一明显黑斑，有的个体黑斑不明显。

生态习性

生活于砂砾底质的沟渠缓流或水质较肥多水草的静水环境，以藻类和高等植物碎屑为食。体表斑点显著，是较好的观赏鱼类。此鱼喜活动于江河缓流，在湖泊、水库、沼泽等也有分布。食物以底栖动物及枝角类为主，肠道中也发现有藻类。

分布

河北省西部、北部的山溪河流。白洋淀为偶见种，系随拒马河水而入淀。

二、鲇形目（Siluriformes）

鲇，硬骨鱼纲的一目，世界上有 31 科约 2200 种。两颌多具发达的须（多者 4 对）。鱼体大多裸露无鳞，有的被以骨板。头骨无顶骨、下鳃盖骨等。上颌骨一般退化变小，无齿，仅作为上颌须的须基。第二、三、四节椎骨愈合为复合椎骨，第一及第五节椎骨常分别固连或愈合于其前后。齿发达。眼小。胸鳍及背鳍常有用于自卫的硬刺，刺基分别与喙骨或背鳍基板形成特殊的制动装置，一旦竖起，外力不易使之复原。脂鳍常存在。绝大多数生活于淡水，中国有 11 科近 100 种。

（三）鲿科（Bagridae）

30. 黄颡（Pelteobagrus fulvidraco ）

地方名

甲甲。

形态特征

背鳍 ii-6—7、臀鳍 16—20、胸鳍 i-7—9、腹鳍 6—7。鳃耙 13—16 枚。

黄颡鱼

体长为体高的 3.1—4.0 倍，为头长的 3.6—4.5 倍，为尾柄长的 6.2—7.0 倍，为前背长的 2.5—2.6 倍。

体延长，稍粗壮，吻端向背鳍上斜，后部侧扁。鼻须位于后鼻孔前缘，伸达或超过眼后缘；颌须 1 对，向后伸达或超过胸鳍基部；外侧颏须长于内侧颏须。鳃孔大，向前伸至眼中部垂直下方腹面。鳃盖膜不与鳃峡相连。鳃耙短小。

背鳍较小，具骨质硬刺，前缘光滑，后缘具细锯齿。脂鳍短，基部位于背鳍基后端至尾鳍基中央偏前。臀鳍基底长，胸鳍侧下位，骨质硬刺前缘锯齿细小而多，后缘锯齿粗壮而少。腹鳍短，后端伸达臀鳍。肛门距臀鳍起点与距腹鳍基后端约相等。尾鳍深分叉，末端圆，上、下叶等长。

活体背部为黑褐色，至腹部渐呈黄色。沿侧线上、下各有一狭窄的黄色纵带，约在腹鳍与臀鳍上方各有一黄色横带，交错形成断续的暗色纵斑块。尾鳍两叶中部各有一暗色纵条纹。

生态习性

黄颡鱼多栖息于缓流多水草的湖周浅水区和入湖河流处，营底栖生活，尤其喜欢生活在静水或缓流的浅滩处，且腐殖质多和游泥多的地方。白天栖息于湖水底层，夜间游到水上层觅食，对环境的适应能力较强。

分布

白洋淀均有分布，为优势种。

31. 瓦氏黄颡鱼（Pelteobagrus vachelli）

瓦氏黄颡鱼

地方名

灰杠。

形态特征

背鳍 ii-6—8、臀鳍 ii-21—24、胸鳍 i-7—9、腹鳍 i-5。鳃耙 13—18 枚。

体长为体高的3.9—5.2倍，为头长的4.4—5.1倍，为尾柄长的5.1—6.4倍，为前背长的3.0—3.3倍。头长为吻长的2.6—4.0倍，为眼径的3.7—5.2倍，为眼间距的1.7—2.3倍，为头宽的5.4—5.6倍，为口裂宽的2.1—2.8倍。尾柄长为尾柄高的1.7—2.4倍。

体型比黄颡鱼大，最大长达300毫米。体延长，前部略圆，后部侧扁，尾柄略细长。头略短而纵扁，头顶有皮膜覆盖。上枕骨棘常裸露，略细长，接于项背骨。口较小，下位，略呈弧形。吻钝，略呈锥形。上颌突出于下颌，上、下颌具绒毛状齿，形成弧形齿带；下颌齿带中央分开；腭骨齿形成半圆形齿带。眼中等大，侧上位，位于头的前部，眼缘不游离。眼间隔稍平。前后鼻孔相隔较远，前鼻孔呈短管状，位于吻端；后鼻孔前缘有小的鼻须，后伸超过眼后缘。颌须略粗壮，后端超过胸鳍基后端；外侧颏须长于内侧颏须，后伸达胸鳍。鳔厚，心形。鳃孔宽。鳃盖膜不与鳃峡相连。鳃耙短小。背鳍位前，骨质硬刺前缘光滑，后缘具弱锯齿，长于胸鳍硬刺，起点约在体前部1/3处，距吻端小于距脂鳍起点。脂鳍短，后缘游离，基部位于背鳍基后端至尾鳍基中央偏后。臀鳍基长，大于脂鳍基，起点至尾鳍基的距离大于距胸鳍基后端。胸鳍下侧位，硬刺前缘光滑，后缘具强锯齿，后伸不达腹鳍。腹鳍起点位于背鳍基后端垂直下方之后，距胸鳍基后端远大于距臀鳍起点，末端超过臀鳍起点。肛门距臀鳍起点较距腹鳍基后端为近。尾鳍深分叉，上、下叶末端圆钝，等长。

活体背部为灰褐色，体侧为灰黄色，腹部为浅黄色。各鳍暗色，边缘略带灰黑色。尾鳍下叶边缘为灰黑色。

生态习性

小型底栖鱼类，栖息于多岩石或泥沙底质的江河里。以水生昆虫及其幼虫、寡毛类、甲壳动物、小型软体动物和小鱼为食。

分布

为白洋淀少见种。

（四）鲇科（Siluridae）

32. 鲇（Silurus asotus）

地方名

鲶鱼。

鲇

形态特征

背鳍 4—5、臀鳍 75—86、胸鳍 9—13、腹鳍 12—13。鳃耙 9—13 枚。

体长为体高的 4.3—6.1 倍，为头长的 4.3—5.4 倍，为前背长的 2.8—3.6 倍。体延长，前部略呈短圆筒形，后部渐侧扁。颌须较长，后伸达胸鳍基后端，颏须短。鳃孔大。鳃盖膜不与鳃峡相连。

背鳍短小，无硬刺。臀鳍基部甚长，后端与尾鳍相连。胸鳍圆形，侧下位，被以皮膜，鳍条后伸不及腹鳍。腹鳍起点位于背鳍基后端垂直下方之后，距臀鳍起点小于至胸鳍基后端。肛门距臀鳍起点较距腹鳍基后端为近。尾鳍微凹，上、下叶等长。

体色随栖息环境不同而有所变化，一般生活时体呈褐灰色，体侧色浅，具不规则的灰黑色斑块，腹面为白色，各鳍色浅。

生态习性

营栖生活，主要栖息在江河的中下游和水库、湖泊、泡沼中。生活在水生植物丛生的静水域或缓水流处。秋后栖居于深水处或淤泥中越冬，摄食强度减弱。鲇属温水性鱼类，生存水温为 0℃—35℃，最适生长温度为 23℃—28℃，pH 值 7—9。

分布

为白洋淀常见种。

三、合鳃目（Synbranchiformes）

（五）合鳃科（Symbranchidae）

33. 黄鳝（Monopteras albus）

黄鳝

地方名

鳝鱼。

形态特征

体长 105—623 毫米，为体高的 23.0—25.7 倍，为头长的 11.2—13.2 倍。体细长呈蛇形，体前圆后部侧扁，尾尖细，头长而圆。口大，端位，上颌稍突出，唇颇发达。上、下颌及口盖骨上都有细齿。眼小，为一薄皮所覆盖。左、右鳃孔于腹面合而为一，呈V形。鳃膜连于鳃峡。体表一般有润滑液体，方便逃逸，无鳞。无胸鳍和腹鳍；背鳍和臀鳍退化仅留皮褶，无软刺，都与尾鳍相联合。

活体大多呈黄褐、微黄或橙黄色，有深灰色斑点，也有少许呈白色。

生态习性

黄鳝为热带及暖温带鱼类，营底栖生活的鱼类，适应能力强。生活于水体底层，主要栖息于稻田、湖泊、池塘、河道与沟渠等泥质地的水域，甚至沼泽、被水淹的田野或湿地等皆可见其踪迹。多在夜间出外觅食，能捕食落水昆虫、各种小动物，也能吞食蛙、蝌蚪和小鱼。

分布

为白洋淀少见种。

四、鲈形目（Perciformes）

鲈形目是辐鳍鱼纲中的一个目，其形状、大小各异，在几乎所有的水中生态环境都有出现。鲈形目种类为白洋淀鱼类第二大目。

（六）鳢科（Channidae）

34. 乌鳢（Channa argus）

乌鳢

地方名

黑鱼。

形态特征

背鳍 49—52、臀鳍 32—35。侧线鳞 63—66 片。

体长 65.7—202 毫米，为体高的 4.7—5.3 倍，为头长的 2.8—3.1 倍。

形体长而圆，头尾相等，鳞细色黑，有斑点花纹。背腹有刺连续至尾部，尾部没有分叉。背鳍颇长几乎与尾鳍相连，无硬刺。腹鳍短小，末端不达肛门。胸鳍圆形。臀鳍短于背鳍，尾鳍圆形。肛门紧位于臀鳍前方。

体色呈灰黑色，体背和头顶色较暗黑，腹部为淡白色，体侧各有不规则黑色斑块，头侧各有 2 行黑色斑纹。奇鳍有黑白相间的斑点，偶鳍为灰黄色间有不规则斑点。

生态习性

生长在北方。

分布

白洋淀均有分布，为优势种。

（七）攀鲈科（Anabantidae）

35. 圆尾斗鱼（Macropodus chinensis）

圆尾斗鱼

地方名

布鱼。

形态特征

背鳍 6—8、臀鳍 7—9。纵列鳞 26—30 片。

体长 19—46 毫米，为体高的 2.8—3.1 倍，为头长的 2.9—3.3 倍。

体侧扁，呈长椭圆形，背腹突出，略呈浅弧形。具圆鳞，眼间、头顶及体侧皆被鳞，背鳍及臀鳍基部有鳞鞘，尾基部亦被鳞。侧线退化，不明显。背鳍一个，臀鳍与背鳍同形，略长于背鳍，起点在背鳍第三鳍棘之下。胸鳍圆形，较短小。腹鳍胸位，起点略前于胸鳍起点，外侧第一鳍条延长成丝状。尾鳍圆形。

体侧为暗褐色，有的是暗灰色，有不明显的黑色横带数条。鳃盖骨后缘具一蓝色眼状斑块，小于眼径。在眼后下方与鳃盖间有两条暗色斜带。体侧各鳞片后部有黑色边缘。背鳍、臀鳍及腹鳍为暗灰色，胸鳍为浅灰色。雄鱼常比雌鱼体色鲜艳，背鳍和臀鳍后部鳍条更为延长。

生态习性

圆尾斗鱼为小型鱼类，体长不超过 13 厘米，栖息于湖泊、池塘、沟渠、稻田等静水环境中，以桡足类、轮虫、水生昆虫为食。产卵期为 5—7 月，卵浮性。产卵前雄鱼先选择一处水面平静避风的地方，由口吐成一个表面隆起或略平扁的泡巢。雌鱼接近雄鱼，横卧身体，雄鱼随即紧贴雌鱼，并把雌鱼的身体倒转过来，使其腹部朝上，雄鱼贴在雌鱼的上面。此时雌雄鱼各排出卵子和精子。由于卵子比水重，卵子在水中往下沉，此时的雄鱼会用口接住，把卵黏着在浮巢下面。

分布

白洋淀均有分布，为常见种。

（八）塘鳢科（Eleotridae）

36. 黄黝鱼（Hypseleotris swinhonis）

黄黝鱼 1

黄黝鱼 2

地方名

黑山根。

形态特征

背鳍 iii–10—11、臀鳍 iii–7—8。纵列鳞 33—37 片。

体长 31.5—46.5 毫米，为体高的 4.1—4.5 倍，为头长的 3.1—3.5 倍。

体延长，颇侧扁。体被中大栉鳞，头部被小圆鳞，项部、颊部与鳃盖部被鳞，无侧线。

体呈淡黄褐色，体侧有暗色垂直带纹 10 余条。背鳍与尾鳍有由暗色小点组成的线纹。

生态习性

常成群地生活在浅水带的水草丛中，喜伏水底。

分布

白洋淀均有分布，为优势种。

（九）虾虎鱼科（Gobiidae）

37. 波氏吻虾虎鱼（Rhinogobius cliffordpopei）

波氏吻虾虎鱼

地方名

爬石猴、趴地。

形态特征

背鳍 vi，i-8、臀鳍 i-8；胸鳍 16—17、腹鳍 i-5、尾鳍 2+18+2。纵列鳞 28—30 片、横列鳞 9—10 片。

体长为体高的 4.7—5.5 倍，为头长的 2.9—3.4 倍。头长为吻长的 2.7—4.0 倍，为眼径的 4.2—5.8 倍，为眼间距的 8.4—9.0 倍。吻长为眼径的 1.0—2.1 倍。尾柄长为尾柄高的 2.0—3.5 倍。

体稍粗壮，延长，前部近圆筒型，后部稍侧扁。尾柄颇长，其长大于体高。头的吻部、颊部、鳃盖部无鳞，腹部、胸部和胸鳍基部均无鳞，项部在背鳍中央前方，无小鳞。头大，宽扁，前部宽而扁平。吻圆钝，吻长大于眼径。口斜裂，下颌稍长，上颌后端终止于眼前缘下方。颊部肌肉稍突出，具 3 纵行感觉乳突线。眼后缘无放射状感觉乳突线，眼间隔狭窄，其宽小于眼径。背鳍 2 个，分离，3—4 鳍棘最长，平放时不能伸达第二背鳍起点。第二背鳍比第一背鳍稍高，平放时不达尾鳍基部。左、右腹鳍愈合成一吸盘。雄鱼腹鳍末端可伸达肛门，雌鱼腹鳍后缘不能伸达肛门。臀鳍与第二背鳍相对，起于第二背鳍第一和第二鳍条的下方。尾鳍长圆形。

体侧有 6—7 个深褐色横带或横斑。头的腹面为黑褐色，颊部无虫状条纹。第一背鳍第一与第二鳍棘间的鳍膜上具一蓝黑色斑点，有时雌鱼不明显。各鳍均为灰褐色。

生态习性

淡水性小型底层鱼类，喜生活于底质为沙地、烁石和贝壳等的湖岸、河溪中之浅滩区，伏卧水底，作间隙性缓游。经常在水的中上层逆水洄游。食性颇杂，摄食摇蚊幼虫、白虾、桡足类、丝状藻、枝角类、鱼卵等。

分布

白洋淀均有分布，为常见种。

38. 林氏吻虾虎鱼（Rhinogobius lindbergi）

林氏吻虾虎鱼

地方名

爬石猴、趴地。

形态特征

背鳍 vi，i-7—8；臀鳍 i-8—9；胸鳍 20—21；腹鳍 i-5；尾鳍 4+16+5。纵列鳞 30—32 片、横列鳞 9—10 片。

体长为体高的 5.0—5.6 倍，为头长的 3.3—3.4 倍。头长为吻长的 3.2—3.5 倍，为眼径的 4.3—5.1 倍，为眼间距的 6.2—8.8 倍。吻长为眼径的 1.6—1.7 倍。尾柄长为尾柄高的 2.1—2.2 倍。

体延长，前部稍平扁，后部侧扁。体被中大弱栉鳞，头的吻部、颊部、鳃盖部无鳞，项部、腹部、胸部和胸鳍基部无鳞，无背鳍前鳞。头中大，稍尖突，前部扁平。吻尖突，口斜裂，端位，舌游离，前端圆形。眼下方无放射状感觉乳突线，眼间隔狭窄。颊部肌肉突出，具 3 纵行感觉乳突线。背鳍 2 个，分离，第二至第三鳍棘最长，平放时不伸达第二背鳍起点稍后。第二背鳍基部较长，平放时不达尾鳍基部。左、右腹鳍愈合成一吸盘。臀鳍与第二背鳍相对，起于第二背鳍第一和第二鳍条之间的下方，后部鳍条较长。尾鳍尖圆形。

项背部具多条云状纹。体侧有 7—8 个宽而不规则的黑色横斑块：第一斑块在体背侧胸鳍基部上方，第二和第三斑块在第一背鳍下方，第四个斑块在第一第二背鳍之间，第五块和第六斑块分别在第二背鳍中部及后基的下方；第七和第八斑块位于尾柄部。背面及体侧的鳞片有暗色边缘。

在眼前下方隐有 3 条褐色蠕虫状斜纹。鳍均呈浅灰色，胸鳍基底上端有一浅黑色斑点，沿着胸鳍基部有 1 条灰色弧形横纹，尾鳍有 4 条弧形条纹。第一背鳍各鳍棘间的鳍膜为灰色，第一和第二鳍棘间的鳍膜呈深灰黑色；第二背鳍具 2 行由点列组成的浅色纵纹。

生态习性

为河、溪底层小型鱼类，栖息于江河岸边和通流的泡沼中，喜有微流的水域，在含氧量较高的止水泡沼中可以繁殖、生长，其生活水域在石砾底层。以桡足类和枝角类为食。6 月产卵，卵产在石砾和砂上，卵椭圆形，卵粒小。雄鱼有护卵发育孵化的习性。

分布

白洋淀均有分布，为常见种。

39. 福岛吻虾虎鱼（Rhinogobius fukushimai）

福岛吻虾虎鱼

地方名

爬石猴、趴地。

形态特征

背鳍 vi，i-8；臀鳍 i-7—8；胸鳍 19—20；腹鳍 I-5；尾鳍 2+18+3。纵列鳞 30—31 片、横列鳞 8—9 片、背鳍前鳞 2—6 片。

体长为体高的 4.6—4.7 倍，为头长的 3.6—3.7 倍。头长为吻长的 3.5—3.7 倍，为眼径的 4.1—4.3 倍，为眼间距的 4.8—5.1 倍。尾柄长为尾柄高的 1.7—2.0 倍。

体延长，前部稍平扁，后部侧扁。体被中大弱栉鳞，头的吻部、颊部、鳃盖部无鳞，项部、腹部、胸部和胸鳍基部无鳞，无背鳍前鳞。头中大，稍尖突，前部扁平。吻尖突，口斜裂，端位，舌游离，前端圆形。眼下方无放射状感觉乳突线；眼间隔狭窄。颊部肌肉突出，具 3 纵行感觉乳突线。背鳍 2 个，分离，第二至第三鳍棘最长，平放时不伸达第二背鳍起点稍后。第二背鳍基部较长，平放时不达尾鳍基部。左、右腹鳍愈合成一吸盘。臀鳍与第二背鳍相对，起于第二背鳍第一和第二鳍条之间的下方，后部鳍条较长。尾鳍尖圆形。

背部色深，腹部呈白色，项背部有云纹状黑色条纹。体侧中部具6—7个不规则深色斑块，最后面的斑块位于尾柄基。在第一背鳍各鳍棘之间的鳍膜上，其上方2/3处具黑色条纹，尤以第一与第二鳍棘之间的鳍膜最为显著；第二背鳍具3行浅黑色小斑；臀鳍浅灰色，边缘色较深。胸鳍基部的上部有1个灰黑色大斑，沿基部有1条灰黑色弧形条纹；腹鳍为灰色；尾鳍有3—4条灰黑色弧形条纹。眼前方有3条黑色斜线：第一条自眼前下发近后鼻孔处伸向吻端，第二及第三条自眼前斜向上颌边缘。

生态习性

栖息于江、河、小溪的底层。不常见，无食用价值。个体小，体长30—50毫米。

分布

白洋淀均有分布，为少见种。

40. 子陵吻虾虎鱼（Rhinogobius giurinus）

子陵吻虾虎鱼

地方名

爬石猴、趴地。

形态特征

背鳍 vi，i-8—9、臀鳍 i-8—9、胸鳍 20—21、腹鳍 i-5、尾鳍 2+18+4。纵列鳞 27—30 片、横列鳞 10—11 片。

体长为体高的 5.4—6.3 倍，为头长的 3.1—3.4 倍。头长为吻长的 2.9—3.9 倍，为眼径的 3.8—5.6 倍，为眼间距的 7.9—8.8 倍。吻长为眼径的 1.0—1.9 倍。尾柄长为尾柄高的 2.0—2.3 倍。

体延长，前部近圆筒型，后部稍侧扁。尾柄颇长，其长大于体高。体被中大栉鳞，头的吻部、颊部、鳃盖部无鳞，腹部、胸部和胸鳍基部均无鳞。头宽大，前部宽而扁平。吻圆钝，吻长大于眼径。口斜裂，上颌后端终止于瞳孔前缘下方。颊部肌肉突出，具 2 纵行感觉乳突线。背鳍 2 个，分离，第三至第四鳍棘最长，平放时伸达第二背鳍起点稍后。第二背鳍平放时不达尾鳍基部。左、右腹鳍愈合成一吸盘，雄鱼腹鳍末端可伸达肛门，雌鱼腹鳍后缘不能伸达肛门。臀鳍与第二背鳍相对，起于第二背鳍第三鳍条的下方。尾鳍尖圆形。

体侧黑色斑纹不明显。背面及体侧的鳞片有暗色边缘，头部在眼前方有5条黑褐色蠕虫状条纹，颊部及鳃盖有5条斜向前下方的暗色条纹。胸鳍基底上端有1黑色斑点，尾柄基部有1暗色长斑。背鳍、尾鳍具多条暗色点纹。

生态习性

原属于河、海洄游鱼类，但亦可生活于水库以上的溪流及湖泊、野塘之中，适应成陆封性族群。幼鱼具浮游期。领域性强，会主动攻击入侵的鱼族。常在水底匍匐游动，伺机掠食，摄食小鱼、虾、水生昆虫、水生环节动物、浮游动物和藻类等，有同类残食现象。

分布

白洋淀均有分布，为常见种。

41. 普栉吻虾虎鱼（Ctenogobius giurinus）

普栉吻虾虎鱼

地方名

爬石猴。

形态特征

背鳍 vi，i-8—9、臀鳍 i-7—9、胸鳍 19、腹鳍 i-5、尾鳍 15。纵列鳞 30—32 片、横列鳞 9 片。鳃耙短小，1—2+7—8 枚。

体长 36—52 毫米。体长为体高 4.5—5.0 倍，为头长 3.0—3.5 倍。头长为吻长 2.7—3.0 倍，为眼径 4.3—5.4 倍。

体长形，前部粗壮近于圆柱形，后部侧扁。头颇大，略平扁，口颇大，略斜，两颌约等长。舌前端略圆。牙细小锐尖，两颌前部各有多行，后部仅有1或2行，外行牙多少扩大，无犬牙。鳃盖膜连于峡部。体被中大栉鳞，项部被小鳞，颊部与鳃盖无鳞。无侧线。两背鳍分离，第二背鳍略高。臀鳍起点约与第二背鳍第一鳍条基相对。胸鳍宽大。腹鳍愈合为吸盘状。尾鳍后缘钝圆。

体黄褐或灰褐色。体侧正中有5个暗色斑，与背侧的相间排列，有时各斑相接而成不规则的带纹。头部有暗色虫状纹及线纹。背鳍与尾鳍有暗色点列或线纹。胸鳍基底上端有一黑斑点。

生态习性

底栖性小型鱼类，成鱼散居于石隙中。以各类水生无脊椎动物为食。4—6月产卵，卵黏附于石上。幼鱼有集群溯游习性，可大批捕捞，加工成为风味特殊的食品。

分布

白洋淀均有分布，为少见种。

（十）刺鳅科（Mastacembelidae）

42. 中华刺鳅（Sinobdella sinensis）

中华刺鳅

地方名

刺泥鳅。

形态特征

背鳍 x x vi—x x viii，55—63；臀鳍 viii-57—64、胸鳍 20—22、尾鳍 14。椎骨 75—77。

体长为体高的 9.7—11.8 倍，为头长的 5.8—6.5 倍，为体宽的 15.7—16.0 倍。

头长为吻长的 3.8—4.2 倍，为眼径的 7.9—8.5 倍，为眼间隔的 8.5—9.1 倍。

体细长，侧扁，背腹缘低平，尾部扁薄。头小，略侧厢。吻尖突，短于眼径。眼小，上侧位，位于头前 1/3 处。眼下方有一硬棘。眼间隔窄，稍凸起。前鼻孔为短管，位于吻突两侧；后鼻孔裂缝状。口前位，口裂钭而低，伸达眼前部下方。唇褶发达。口腔顶部口腔膜发达，中央有纵褶 1 条。上、下颌齿多行，细尖；犁骨、腭骨及舌上均无齿。前鳃盖骨无棘，边缘不游离。鳃孔低斜。峡部狭窄。鳃盖膜不与峡部相连。鳃耙退化。无假鳃。鳃盖条 6 头。体均被小圆鳞。无侧线。

背鳍基底长，前部为多枚游离小棘，可倒伏于背正中的沟中；鳍棘部基底长，约为鳍条部基底的 1.6 倍。臀鳍与背鳍鳍条部相对，同形，第二鳍棘较大，第三棘距臀鳍起点较距第二棘为近；背鳍、臀鳍鳍条部与尾鳍连续。胸鳍短小，侧位，扇形。腹鳍消失。尾鳍尖圆形。

体呈黄褐或浅褐色，体侧常具白色垂直纹与暗色纹相间组成多条栅状横斑。头部和腹侧具小圆白斑，或相连形成网状。背鳍、臀鳍和尾鳍上亦具白斑，边缘为白色。胸鳍为浅褐色，无斑纹。

食道很长。胃呈钩状。肠短直，体长 142 毫米时为肠长的 4.6 倍。幽门盲囊 2 个。鳔细长，无鳔管。腹膜为黄灰褐色。

生态习性

中华刺鳅为浅淡水多水草处的底层肉食性杂鱼，生活于多水草的浅水区，主要以小虾、水昆虫及其幼虫等为食，亦食黄黝鱼等小型鱼类。

分布

白洋淀均有分布，为少见种。

（十一）鮨科（Serranidae）

43. 鳜（Siniperca chuatsi）

鳜

地方名

桂鱼、鲫花。

形态特征

背鳍 xii-13—15、臀鳍 iii-9—11、胸鳍 15—16、腹鳍 i-5。侧线鳞 120—140 片。鳃耙 7—8 枚。幽门盲囊 142—420 个。

体长为体高的 2.2—3.1 倍，为头长的 2.3—3.0 倍。头长为吻长的 3.2—3.7 倍，为眼径的 5.7—7.1 倍，为眼间隔的 6.6—7.0 倍。尾柄长为尾柄高的 1.0—1.2 倍。

体高，侧扁，眼后背部显著隆起。头中大。吻尖突，吻长大于眼径。眼中大，略大于眼间隔。口大，端位，斜裂。具一辅上颌骨。上颌骨后端伸达或伸越眼后缘下方，下颌突出。两颌、犁骨和腭骨均具绒毛状齿群，两颌前部数齿扩大或犬齿。前鳃盖骨后缘有细锯齿，下角及下缘各具 2 小棘。鳃盖后缘有 2 扁棘。鳃孔大，鳃盖膜不与峡部相连。鳃盖条 7。鳃耙棒状，上有细齿。

头、体被小圆鳞，吻部和眼间无鳞。侧线完全，伸达尾鳍基。背鳍连续，始于胸鳍基上方，鳍棘部为鳍条部基底长 2.1—2.3 倍。臀鳍始于背鳍最后鳍条下方。腹鳍胸位，始于胸鳍基下方。胸鳍和尾鳍圆形。

体背侧为棕黄色，腹面为白色。体具许多不规则褐色斑块和斑点。自吻端经眼至背鳍第至第三鳍棘基底有 1 条黑褐色斜纹，在第六至第八鳍棘下方有 1 条垂直宽纹。背侧背鳍基底有 4—5 个斑块。背鳍、臀鳍和尾鳍均具黑色点斑。胸鳍和腹鳍为浅色。

生态习性

鳜属于完全淡水生活的鱼类，白天一般潜伏于水底，夜间四处活动觅食。不喜欢作长距离的徊游和迁移，不喜群居。生活的适宜水温为 15℃—32℃。为肉食性鱼类，性凶猛终生以鱼类和其他水生动物为食。

分布

白洋淀的鳜为原养殖逃逸及增殖放流（生态修复）品种。

五、鲻形目（Mugiliformes）

（十二）鲻科（Mugilidae）

44. 梭鱼（Sphyraenus）

梭鱼

地方名

红眼。

形态特征

背体长 120—131 毫米，为体高的 4.8—5.0 倍，为头长的 4.0 倍。体细长，前部圆筒状，后部侧扁。头短小而宽，背面扁平，吻端钝尖。口小，前下位，口裂略呈人字形，上颌中央有 1 缺刻，可与下颌中央突起相吻合。上颌稍长于下颌。上颌齿细弱，下颌无齿。眼较小，侧上位；眼间隔宽平，宽约为眼径的 1.9 倍之内；眶前骨末端在近口角处稍下弯，边缘有锯齿。前鳃盖骨和鳃盖骨边缘平滑。

鳃孔大。尾柄粗，长为高的 1.8—2.2 倍。背鳍 2 个，分离。第一背鳍位于体背中间稍偏前，由 4 根鳍棘组成，前三棘粗，第一棘最长；第二背鳍位于第一背鳍末基与尾鳍基之间中央稍偏后，前缘有 1 棘，后缘微凹。胸鳍较宽长，侧中位，鳍条向下渐短。腹鳍较小，位于胸鳍起点与第一背鳍起点之间近中央下方，左、右两鳍靠近，各有 1 棘。臀鳍始于第二背鳍起点稍前下方，两鳍近同形，后基近相对，其前缘有 3 棘。尾鳍浅叉形。体被大栉鳞，胸鳍基部上缘无长鳞。无侧线。

体背为灰青色，体侧为淡黄色，上部具有几条黑色纵纹和许多斜横纹，腹部为白色。眼晶液体呈红色。尾鳍、胸鳍为淡黄色。其他各鳍均为浅灰色。

生态习性

幼鱼以浮游动物为食，成鱼则以硅藻和小型生物为食。一般栖息在海中，每年定期成群结队到港河口处产卵，幼鱼常常进入江河入口处，天冷时到较深海区越冬。

分布

梭鱼属于世界性鱼类，全球各地海域均有分布。河北省沿海均有分布，白洋淀的梭鱼为增殖放流品种。

六、鲑形目（Salmoniformes）

（十三）银鱼科（Salangidae）

45. 大银鱼（Protosalanx hyalocranius）

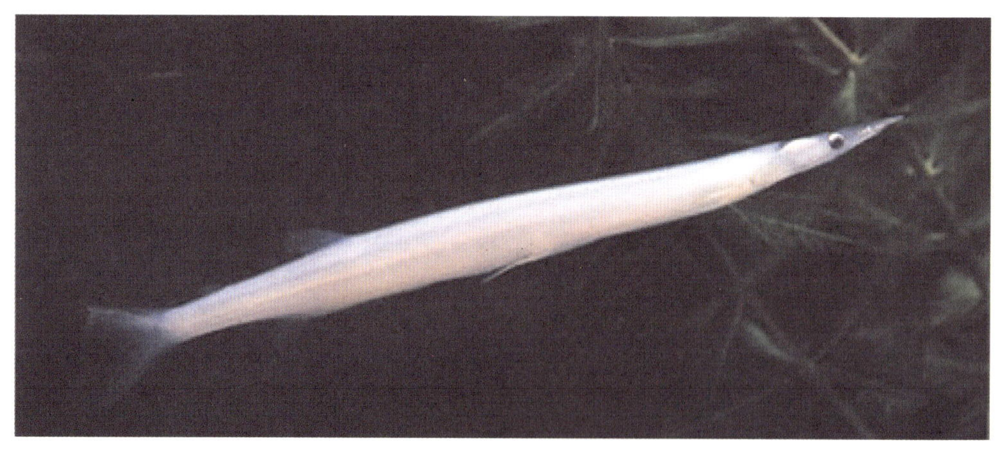

大银鱼

地方名

面条鱼。

形态特征

背鳍 18—19、臀鳍 32—34、胸鳍 24—25、腹鳍 7。鳃耙 3+10 枚。脊椎骨

69—72。

体长为体高的 9.0—10.3 倍，为头长的 4.8—4.9 倍。头长为吻长的 2.5—2.6 倍，为眼径的 7.7—8.5 倍，为眼间距的 3.5—3.9 倍，为尾柄长的 2.0—2.2 倍，为尾柄高的 4.7—4.8 倍。

体细长，头平扁。吻尖长，吻长为吻宽的 1.1—1.3 倍。前部略圆，后部侧扁。鼻孔 2 个，前后紧接距眼较近。眼小，圆形，侧上位。口大，宽阔。前颌骨正常；下颌突出，稍长于上颌，上颌骨后端伸达眼下方。舌端截形，颐下无肉质突出部。前颌骨和上颌骨有牙 1 行，下颌有牙 2 行，[illegible]骨及舌上各有牙 2 行，均细小。鳃孔大。鳃诳骨薄。鳃耙短而细。鳃盖膜与峡部相连。有假鳃。体无鳞，仅雄鱼臀鳍基部有 1 行大臀鳞，20—29 枚。无侧线。背鳍中大，后位，起点距尾基较距胸鳍基为近。臀鳍基较长，完全位于背鳍之后。脂鳍小与臀鳍后部相对。胸鳍较宽，扇形（但雄鱼有数鳍条延长，略呈三角形），基部有发达的肉质片腹鳍小，起点距眼与距臀鳍起点相等。腹鳍与肛门间有皮褶隆起。尾鳍叉形。体半透明，无色，从头顶脑形清晰可见。肌节间有黑色小点，头顶、背部有少数分散黑色素小粒，臀鳍基亦有 1 列小黑点。

生态习性

大银鱼为冷温性鱼类，栖息于海水、淡水和咸淡水中。人银鱼为无胃型凶猛鱼类，食管之后即为直管状的肠。其幼鱼和成鱼食性差异较大，幼鱼阶段食浮游动物的枝角类、桡足类及一些藻类，体长 80 毫米以后逐渐向肉食性转变，110 毫米以上主要以小型鱼虾为食，具有同种残食现象，在食性转化阶段尤为严重。

分布

为白洋淀少见种。

七、颌针鱼目（Beloniformes）

（十四）鱵科（Hemiramphidae ）

46. 间下鱵（Hyporhamphus intermedius）

间下鱵

地方名

针鱼、穿针鱼。

形态特征

体细长，侧扁，标准体长为头长的 4.3—5.7 倍，为体高的 11.8—14.0 倍。鼻孔突不呈丝状。下颌延长成喙状，喙长略等于头长；上颌短小，其顶部呈三角形，被鳞，三角形的长大于宽，长为宽的 1.1—1.3 倍。

眼前沟单一，不向后分支。上、下颌具微细单峰齿，但下颌之后部具三峰齿。第一鳃弓上鳃耙数为 26—36 枚。体被圆鳞；侧线位低，于胸鳍基底下方具一向上分支，向上延伸至胸鳍基底；背前鳞 50—64 片。

鳔为单室型。背鳍与臀鳍对在，后位，臀鳍起点在背鳍第一至第三软条之下方，背鳍具 13—16 软条，臀鳍具 15—19 软条；胸鳍较短，标准体长为胸鳍长的 6.4—7.1 倍；腹鳍短小，胸鳍基底至腹鳍基底的间距为腹鳍基底至尾鳍下叶基底的 0.9—1.15 倍；尾鳍浅开叉，下叶略长于上叶。

体背呈浅灰蓝色，腹部为白色，体侧中间有一条银白色纵带，无垂直暗斑。喙为黑色，前端具明亮的橘红色。

生态习性

生活于江河湖泊中，为上溯洄游鱼类，栖息于水下 0—10 米，是小型中上层鱼类。主要以浮游动物为食，如桡足类、枝角类等，亦吃昆虫。

分布

为白洋淀少见种。

（十五）鳉科（Cyprinodontidae）

47. 青鳉（Oryzias latipes）

青鳉

地方名

大眼瞪、大头鱼、双眼。

形态特征

体侧扁且延长，口小，下颌向上突出。眼大，眼底蓝色。无侧线。鱼体半透明，背部浅灰色，腹部银白色，并散布小黑斑，中央具一黑褐色纵带，尾鳍截形 。

生态习性

青鳉属的一种鱼类，是国际医学用鱼，对水质、环境变化特别敏感。青鳉鱼活动力强，喜栖于水生植物浓密、水质清澈的静水或缓流的中上层，如水塘、沟渠、沼泽、海拔不高小溪流源头等，却不见于开阔无水草之水域，可见水生植物对此种鱼类相当重要，除提供觅食产卵外，还可让青鳉鱼藏身其中躲避天敌。属于杂食性鱼类，据观察，孑孓、红虫、线虫、水蚤、绿藻等都是它的食物，但对腐尸却不感兴趣，会追食自己本种小鱼。在发情期，雄鱼有强烈地域观，会独自固守一方水域底层，通常以 3—5 棵水草、方圆 30—50 厘米为地盘，雄鱼之间争斗明显。

分布

白洋淀均有分布，为常见种。

八、刺鱼目（Gasterosteiformes）

（十六）刺鱼科（Gasterosteidae ）

48. 中华多刺鱼（Pungitius sinensis）

中华多刺鱼

地方名

九刺鱼、刺鱼、刺儿鱼。

形态特征

背鳍 ix–9、臀鳍 i–8、腹鳍 i–1、胸鳍 9。侧线骨板 31—32。鳃耙 10 枚。

体长为体高的 5.0—6.1（5.6 ± 0.44）倍，为头长的 3.3—4.4（3.8 ± 0.32）倍，为尾柄长的 4.1—6.9（5.6 ± 1.01）倍。头长为体高的 1.3—1.7 倍，为吻长的 2.6—3.8（3.0 ± 0.3）倍，为眼径的 3.1—4.7（4.0 ± 0.44）倍，为眼间距的 4.4—5.8（4.9 ± 0.39）倍。尾柄长为尾柄高的 3.5—6.0（4.9 ± 1.29）倍。

一般成鱼 50—60 毫米，体细长，侧扁，尾柄细长。吻钝，头较小。口近上位，口裂上斜，下颌稍长于上颌，具细齿。眼较大，侧位，位于体中轴之上，眼间距较平。鳃膜左右相连，而不与峡部相连。体侧沿背腹轴有发达骨板，延至尾柄部。侧线完全。体无鳞。腹膜为浅黄色，具小黑点。鳔无管。背鳍前有分离交错排列的 9 枚硬棘，最长棘约 2.0—2.5 毫米。臀鳍具 1 硬棘，与第二背鳍相对。胸鳍大，中位，略呈圆形，后缘超过腹鳍基部。腹鳍具硬棘 1 枚。尾鳍稍凹近截形。

体背为黑绿色，体侧为浅黑或白色，腹面色浅。随季节体色有所变异，夏季为褐色，冬季为深黑色。前鳃盖骨下缘有 1 列明显黑点。鳍褶除尾鳍外均透明。

生态习性

中华多刺鱼为冷水小型鱼类，生活于淡水、咸淡水或海水中，喜栖于水温较低、水草丛生并与河流相通的静水水域。鱼体型线条流畅，游动快捷有力，性好斗。对水质适应能力强，能耐低温。以轮虫、枝角类、桡足类等为食。

分布

河北省西部、北部山溪河流。白洋淀为偶见种，系随拒马河水入淀。